3권

시간과 화폐

KB130643

차례

동전과 지폐 2
금액 알기 4
가격 알기 6
가격 차이 알기 8
거스름돈 (1) 10
거스름돈 (2) 12
시간과 시각 14
시계 보기 16
초, 분, 시간 18
월 20
연과 윤년 22
시간 계산 24
로마 숫자 26
오전, 오후 28
24시 시계 30
나의 실력 점검표 32
정답 33

동전과 지폐

1000원 지폐 1장은
500원 동전 2개와 같아.

1 금액이 같은 것끼리 선으로 이어 보세요.

기억하자!
동전과 지폐를 세어 모두 얼마인지 알아보세요.

2 다음 각 금액이 100원 동전 몇 개의 금액과 같은지 쓰세요.

기억하자!
100원 동전 1개는 10원 동전 10개, 50원 동전 2개와 금액이 같아요.

1

100원 동전 20 개

2

100원 동전  개

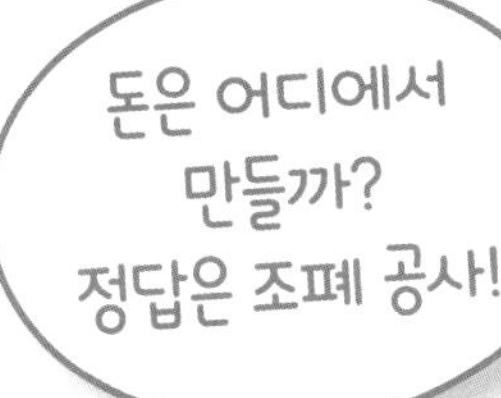

3

100원 동전  개

4

100원 동전  개

문제를 다 푼 다음, 32쪽으로!

금액 알기

1 알맞은 것에 ○표 하세요.

앞의 동전 그림을
이용해도 좋아.

1 도윤이는 용돈을 저축해요. 도윤이가 저축한 돈은 500원 동전 3개, 100원 동전 3개, 50원 동전 3개예요. 도윤이가 저축한 돈은 모두 얼마인가요?

1900원  1950원 1450원 650원

2 민성이의 저금통에는 500원 동전 6개, 100원 동전 5개, 50원 동전 6개가 있어요. 저금통에 있는 돈은 모두 얼마인가요?

3550원 3400원 3800원 5550원

3 동율이는 과자를 살 거예요. 지갑에 500원 동전 1개, 100원 동전 6개, 50원 동전 4개가 있어요. 지갑에 있는 돈은 모두 얼마인가요?

1150원 1200원 5150원 1300원

4 수현이는 가게에서 물건을 사고 거스름돈을 받았어요. 100원 동전 1개, 50원 동전 5개, 10원 동전 8개를 받았어요. 수현이가 받은 거스름돈은 모두 얼마인가요?

430원 160원 230원 360원

2 각 돈의 금액은 얼마인가요? 같은 금액만큼 알맞은 동전 스티커를 붙이세요.

기억하자!

1000원 지폐 1장은 500원 동전 2개 또는 100원 동전 10개와 같아요.

스티커를 모두
쓰지 않아도 돼.

1

2

3

4

50 50 50 50 50
50 50 50 50 50
10 10 10

체크! 체크!

돈의 총 금액만큼 알맞게 스티커를 붙였나요? 

칭찬 스티커를
붙이세요.

문제를 다 푼 다음, 32쪽으로!

가격 알기

1 빵 가게에서 빵값을 깎아 주고 있어요.
빵값은 얼마일까요? 알맞게 색칠하세요.

아래에 있는
수직선을 이용해 봐.

기억하자!
물건의 값을 깎아 주면 돈을 더 적게 내도 돼요.

1 식빵을 2400원 깎아 줘요.

2 도넛을 2800원 깎아 줘요.

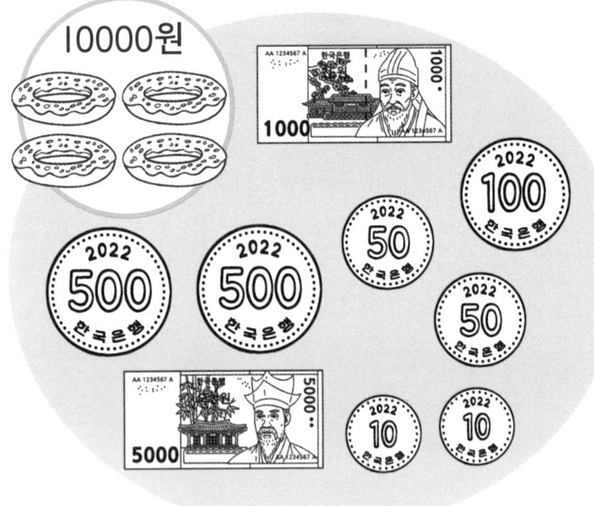

3 바게트를 2600원 깎아 줘요.

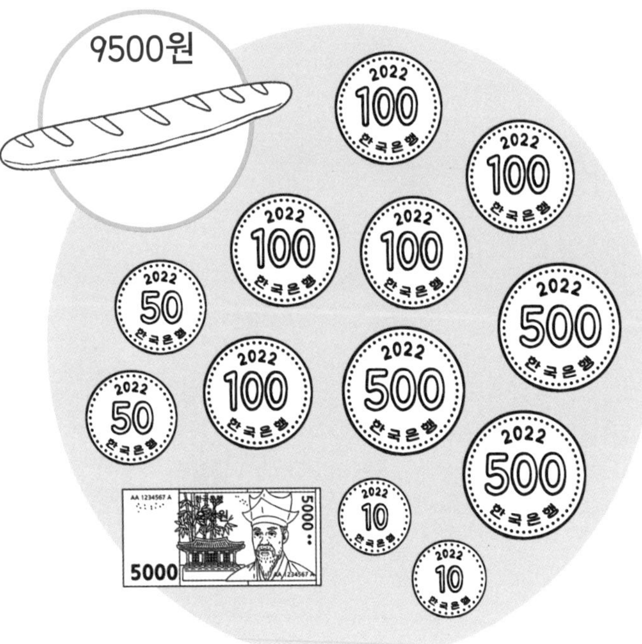

4 크로켓을 3400원 깎아 줘요.

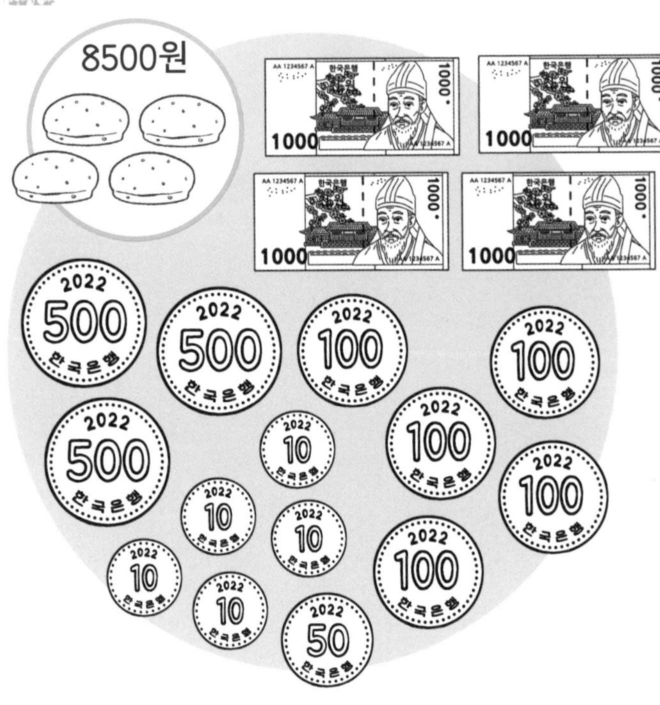

0 1000 2000 3000 4000 5000

2 이번엔 물건을 반값에 팔아요.
각 물건을 얼마에 살 수 있을까요?

기억하자!
반값은 값을 반으로 줄이는 것으로, 둘로 나누는 것과 같아요. 먼저 천 원 단위의 값을 반으로 줄이고 그다음 백 원 단위의 값을 반으로 줄이세요.

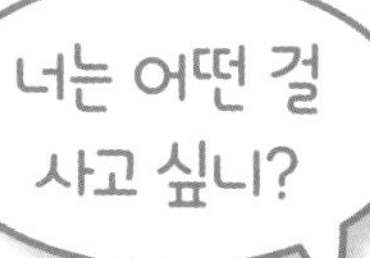

1 바나나는 얼마에 살 수 있나요?

2 참외는 얼마에 살 수 있나요?

3 오렌지는 얼마에 살 수 있나요?

4 완두콩은 얼마에 살 수 있나요?

체크! 체크!
할인된 가격이 처음 가격보다 낮은지 확인하세요. ☐

6000 7000 8000 9000 10000

문제를 다 푼 다음, 32쪽으로!

가격 차이 알기

기억하자!

더 낮은 가격부터 시작해 더 높은 가격이 될 때까지 세면서 가격의 차이를 찾을 수 있어요.

1 알맞은 금액만큼 동전을 동그라미로 묶으세요.

1 스티커를 한 가게에서는 2000원에 팔고, 다른 가게에서는 1750원에 팔아요. 두 가게의 스티커 가격 차이는 얼마인가요?

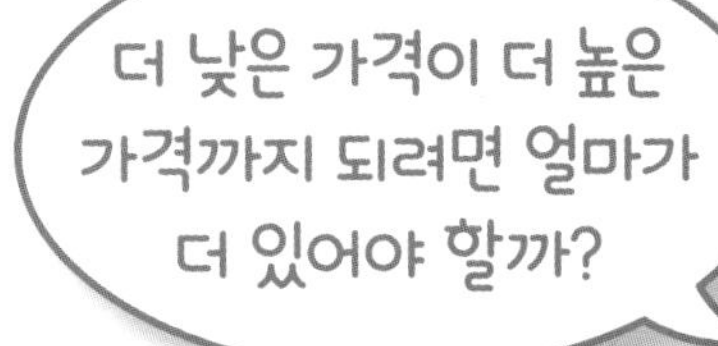

더 낮은 가격이 더 높은 가격까지 되려면 얼마가 더 있어야 할까?

1750원 + 50원 = 1800원
1800원 + 100원 + 100원 = 2000원
가격 차이는 250원

2 토핑이 없는 아이스크림은 1990원이고, 토핑이 있는 아이스크림은 2400원이에요. 두 아이스크림의 가격 차이는 얼마인가요?

3 달걀샌드위치는 1500원이고, 치킨샐러드샌드위치는 2100원이에요. 두 샌드위치의 가격 차이는 얼마인가요?

2 피자를 할인해서 팔아요. 원래 가격과 할인된 가격의 차이가 얼마인지 알맞은 가격에 ○표 하세요.

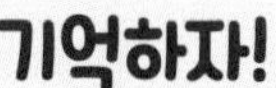

빼셈을 하여 가격의 차이를 알아보세요.

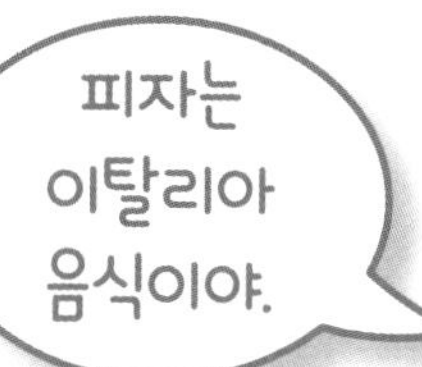

1

~~23000원~~
19000원

3500원 4500원 4000원 5000원

2

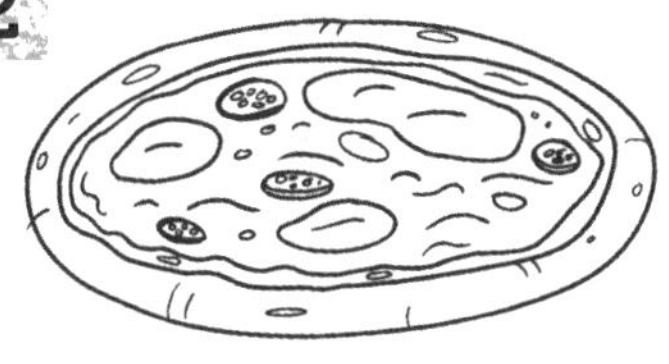

~~26000원~~
19500원

5500원 6500원 7000원 6000원

3

~~27500원~~
21000원

6000원 8500원 7000원 6500원

4

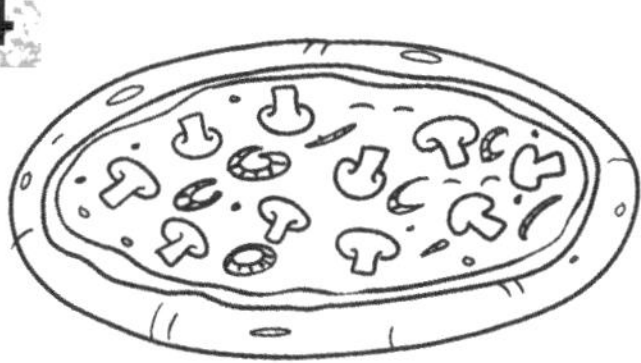

~~25500원~~
18500원

7000원 7500원 6500원 6000원

거스름돈(1)

거스름돈은 내가 낸 금액과 실제 물건 가격과의 차이야.

1 10000원에서 다음과 같이 사면 거스름돈은 얼마인가요?

1 딸기를 8900원어치 샀어요.

10000원 - 8000원 = 2000원
2000원 - 900원 = 1100원
거스름돈은 1100원

2 사과를 4500원어치 샀어요.

3 오렌지를 6200원어치 샀어요.

4 바나나를 7800원어치 샀어요.

2 다음 물건을 사고 10000원을 내면 거스름돈은 얼마인가요? 알맞게 선으로 이어 보세요.

7900원

2900원

2500원

2100원

7900원

7100원

7500원

공책

2100원

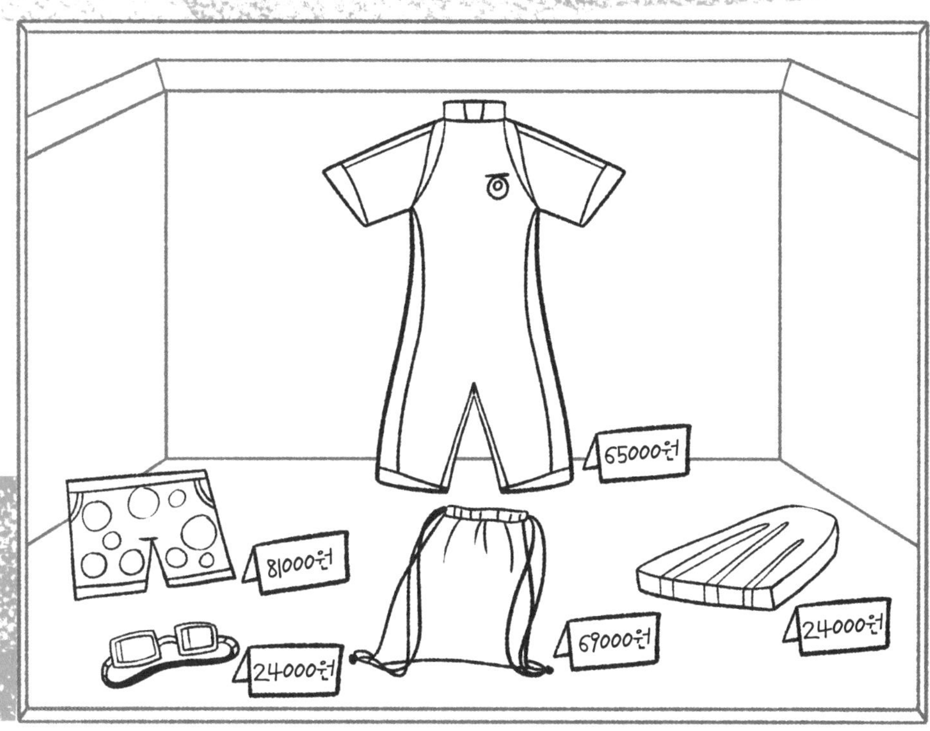

3 거스름돈만큼 지폐나 동전을 알맞게 그리세요.

1 50000원을 내고 수영 킥보드를 샀어요. 거스름돈은 얼마를 받아야 하나요?

2 100000원을 내고 수영복 바지를 샀어요. 거스름돈은 얼마를 받아야 하나요?

3 100000원을 내고 수영 가방을 샀어요. 거스름돈은 얼마를 받아야 하나요?

4 200000원을 내고 수영 슈트와 수영 가방을 샀어요. 거스름돈은 얼마를 받아야 하나요?

체크! 체크!

처음에 낸 돈에서 물건 가격을 조금씩 빼면서 답을 확인하세요. 50000원에서 24000원을 썼다면 먼저 50000원에서 20000원을 뺀 다음 나머지 30000원에서 4000원을 빼는 거예요. ☐

문제를 다 푼 다음, 32쪽으로!

거스름돈(2)

1 용돈 10000원으로 다음과 같은 물건을 사면 거스름돈은 얼마일까요?

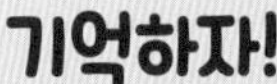

기억하자!
거스름돈을 알아보기 전에 먼저 물건 가격을 모두 더하세요.

1 스티커와 팽이를 샀어요. 거스름돈은 얼마를 받아야 하나요?

2 새 호루라기와 비눗방울 놀이를 샀어요. 거스름돈은 얼마를 받아야 하나요?

3 로켓 풍선과 눈송이 공책을 샀어요. 거스름돈은 얼마를 받아야 하나요?

4 팽이, 비눗방울 놀이, 눈송이 공책을 샀어요. 거스름돈은 얼마를 받아야 하나요?

2 50000원을 냈을 때 거스름돈을 구하세요.

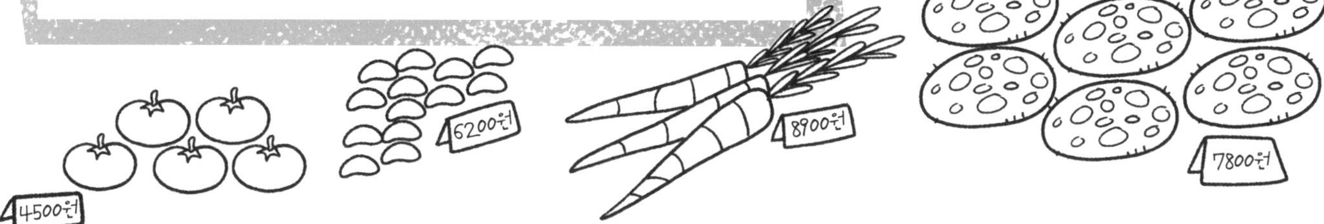

1 당근을 샀어요.

2 토마토를 샀어요.

3 콩을 샀어요.

4 감자를 샀어요.

3 슬라임 책을 사고 50000원을 냈을 때 거스름돈은 얼마인지 알맞은 스티커를 붙이세요.

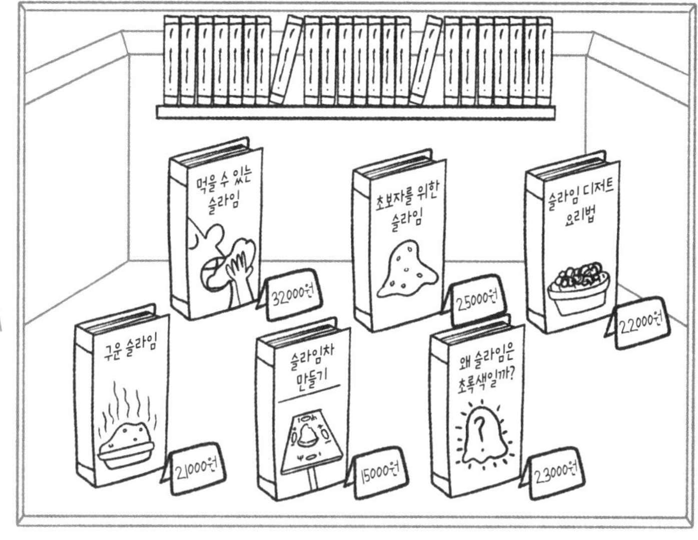

1 『왜 슬라임은 초록색일까?』와
『초보자를 위한 슬라임』을 샀어요.

2 『먹을 수 있는 슬라임』과
『슬라임차 만들기』를 샀어요.

3 『구운 슬라임』과 『슬라임 디저트 요리법』을
샀어요.

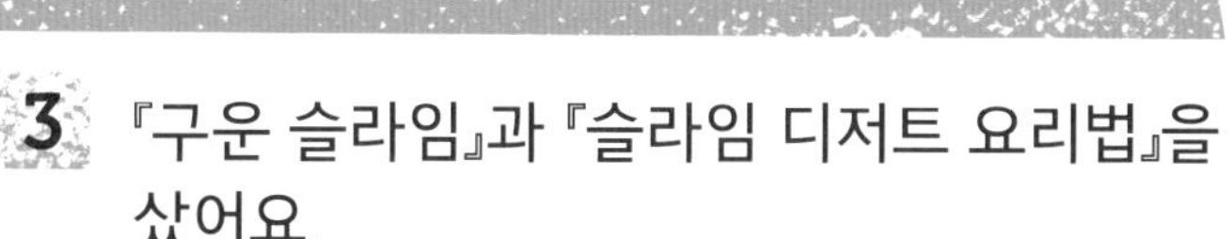

잘했어!

문제를 다 푼 다음, 32쪽으로!

시간과 시각

1 다음 표를 완성하세요.

기억하자!
60초가 1분이므로 60초를 두 배 하면 2분이 돼요.

초	분
60초	1분
	2분
30초	
	$\frac{1}{4}$분

2

1 빌이 1분 30초 동안 달렸어요. 모두 몇 초 달렸나요?

2 벅이 2분을 걷고 또 $\frac{1}{4}$분을 걸었어요.
모두 몇 초 걸었나요?

가게까지
1분이면 갈 수 있어.

3 빌과 벅이 3분 반 동안 뛰었어요.
모두 몇 초 뛰었나요?

나는 빌이랑
가게에 가고 있는데
빌은 1분 걸린다고 말했지만
벌써 90초 걸었고 아직도
가고 있어!

3 각 시계에 표시된 시각을 쓰세요.

기억하자!
긴바늘은 분을, 짧은바늘은 시를 나타내요.

1 

3시 4분

2 

3 

4 

5 

6 

1시간은 60분이야. 긴바늘이 시계를 한 바퀴 도는 데 1시간이 걸리지.

체크! 체크!
긴바늘과 짧은바늘을 주의 깊게 보면서 답을 확인하세요. ☐

문제를 다 푼 다음, 32쪽으로!

시계 보기

1 시계와 시각을 바르게 선으로 이어 보세요.

기억하자!

긴바늘이 30분을 넘어가면 다음 시각까지 몇 분이 남았는지 찾아요.

시계는
아침부터 똑딱똑딱,
쉬지 않고 가지요.

6시 3분 전

3시 6분 전

8시 12분 전

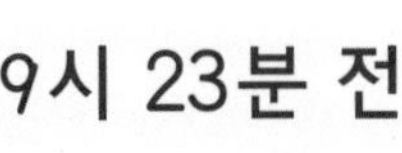

9시 23분 전

10시 28분 전

4시 17분 전

2 시계에 바늘을 알맞게 그리고 시각을 써 보세요.

작동되는 시계 중 세계에서 가장 오래된 시계는 영국 솔즈베리 대성당에 있어. 1386년에 만들어졌대.

기억하자!
시계에는 긴바늘과 짧은바늘을 그려야 해요.

1 맥스는 8시 23분에 집을 나섰어요. 그리고 30분 후에 학교에 도착했어요. 학교에 도착한 시각은 몇 시 몇 분인가요?

2 소피는 5시 17분에 버스를 탔고 20분 후에 내렸어요. 버스에서 내린 시각은 몇 시 몇 분인가요?

3 피터와 크리스타벨은 11시 3분에 공원에 도착해서 40분 후에 떠났어요. 공원을 떠난 시각은 몇 시 몇 분인가요?

4 퍼햄은 4시 14분에 수영장에 들어가서 25분 후에 나왔어요. 수영장에서 나온 시각은 몇 시 몇 분인가요?

칭찬 스티커를 붙이세요.

문제를 다 푼 다음, 32쪽으로!

초, 분, 시간

1 같은 시간을 나타내는 것끼리 선으로 이어 보세요.

1일	=	24시간
1시간	=	60분
반 시간	=	30분
1분	=	60초
$\frac{1}{4}$시간	=	15분

왼쪽 표를 보고
문제를 풀어 봐.

한 시간과 $\frac{1}{4}$시간	45분
$\frac{3}{4}$시간	삼 분
180초	90분
150분	75분
한 시간 반	300분
5시간	600초
10분	두 시간 반
2일	120초
2분	48시간

지구가 자전축을
중심으로 한 바퀴 도는 데
하루(24시간)가 걸려.
목성은 지구보다 더 크지만
10시간밖에 걸리지
않는대.

2 더 짧은 시간에 ○표 하세요.

1 5일 110분

2 240분 3시간

3 480초 5시간

4 300초 4분

3 다음과 같은 일을 하는 데 몇 분 정도 걸리는지 어림해 보세요.

1 1km 달리기

2 아침 먹기

3 노래 부르기

4 이 닦기

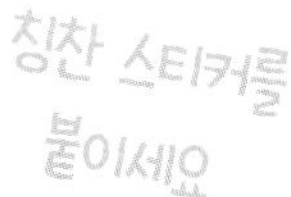

문제를 다 푼 다음, 32쪽으로!

월

1 알맞은 답을 찾아 ○표 하세요.

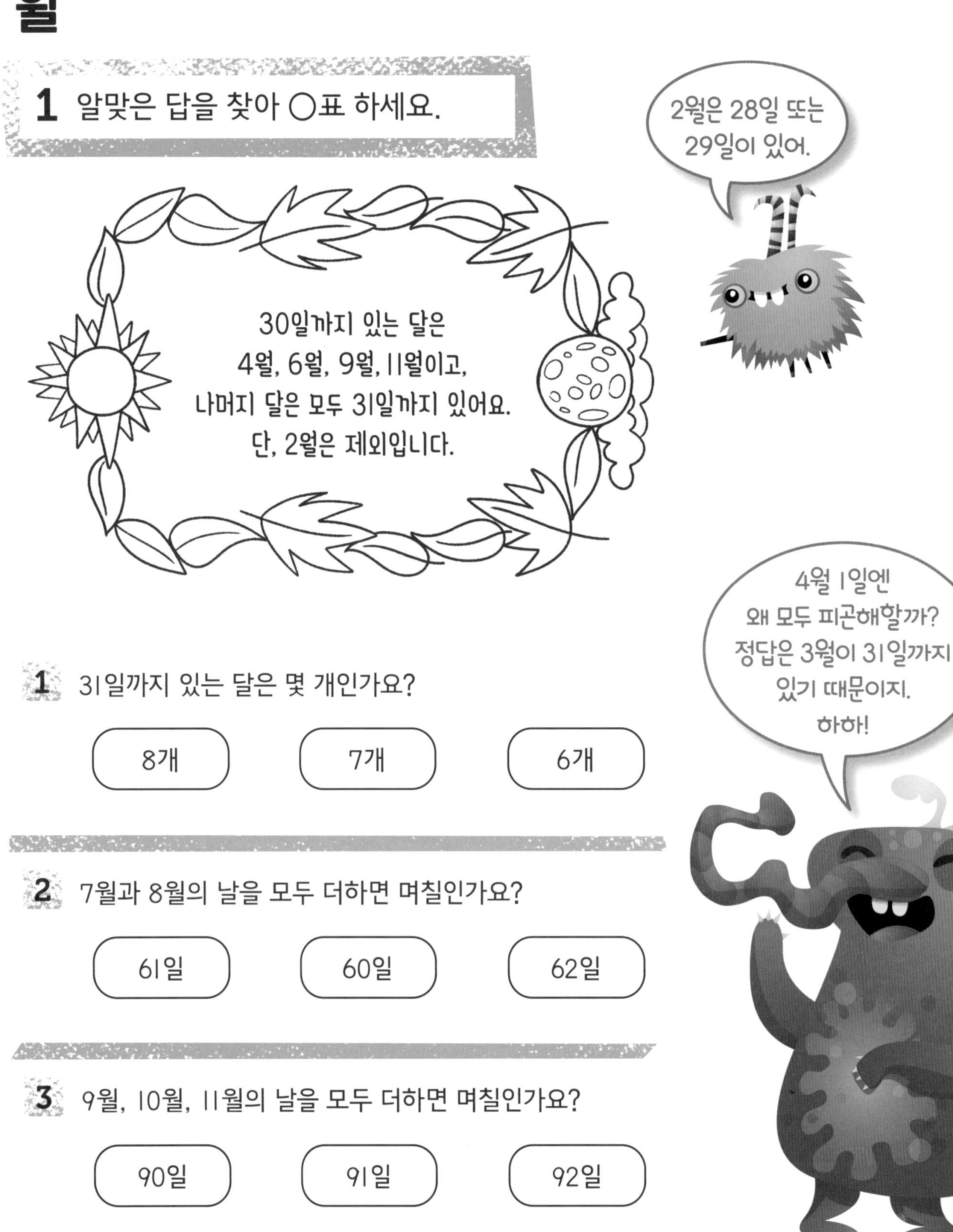

2월은 28일 또는 29일이 있어.
4월 1일엔 왜 모두 피곤해할까? 정답은 3월이 31일까지 있기 때문이지. 하하!

30일까지 있는 달은
4월, 6월, 9월, 11월이고,
나머지 달은 모두 31일까지 있어요.
단, 2월은 제외입니다.

1 31일까지 있는 달은 몇 개인가요?

8개   7개   6개

2 7월과 8월의 날을 모두 더하면 며칠인가요?

61일   60일   62일

3 9월, 10월, 11월의 날을 모두 더하면 며칠인가요?

90일   91일   92일

4 친구의 생일은 몇 월이에요?

친구의 생일이 있는 달에는
모두 며칠이 있어요?

2 빈칸에 알맞은 스티커를 붙이세요.

1 두 달의 날수가 하루 차이인 두 개의 연속된 달을 찾으세요.

기억하자!
1월, 2월, 3월과 같이 죽 이어지는 것을 연속이라고 해요.

2 두 달의 날수가 모두 61일인 두 개의 연속된 달을 찾으세요.

가장 큰 달은
무엇일까?
정답은 보름달!

3 세 달의 날수가 모두 92일인 세 개의 달을 찾으세요.
연속되는 달이 아니어도 돼요.

잘했어!
칭찬 스티커를 붙이세요.

문제를 다 푼 다음, 32쪽으로!

연과 윤년

1 알맞은 답을 찾아 ○표 하세요.

밀레니엄이라고
들어 봤니? 밀레니엄은
몇 년일까?

1 1년은 며칠인가요?

364일 655일

365일 362일

2 1년은 몇 주인가요?

51주 53주

52주 50주

3 1년은 몇 개월인가요?

12개월 15개월

10개월 20개월

4 1세기는 몇 년인가요?

200년 50년

75년 100년

공룡들이 살던 시절에는
1년에 1주일 정도가 더 있었대.
지구의 자전 속도가 점점 느려지고
있기 때문에, 매 세기마다
아주아주 조금씩 하루가
길어지고 있어.

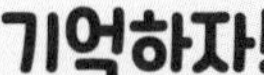

2 윤년에 대한 문제를 풀어 보세요.

기억하자!

1년은 365일이에요. 그런데 어느 해에는 2월에 하루가 더 있어서 1년이 366일이에요. 이러한 해를 윤년이라고 해요. 윤년은 4년에 한 번 있어요.

표를 이용해서
문제를 풀어 봐.

년	날수
2020	366
2021	365
2022	365
2023	365
2024	366
2025	365
2026	365
2027	365
2028	366

올해가 2022년이라면

1 다음 윤년은 언제인가요?

2 마지막 윤년은 언제였나요?

3 2032년은 윤년인가요? 어떻게 알았나요?

칭찬 스티커를
붙이세요.

문제를 다 푼 다음, 32쪽으로!

시간 계산

1 알맞은 답에 색칠하세요.

기억하자!
1시간은 60분이에요.

1 수학 수업이 11시 3분에 시작하여 12시 13분 전에 끝났어요.
수학 수업은 몇 분 했나요?

위에 있는 시계를 이용해 봐.
12시 13분 전은 11시 47분이야.

- 47분
- 57분
- 44분

2 동아리 모임이 2시 26분에 시작하여
3시 7분 전에 끝났어요.
모임은 몇 분 했나요?

- 27분
- 34분
- 37분

3 점심은 12시 3분 전에 시작하여
1시 11분에 끝났어요.
점심시간은 몇 분이었나요?

- 1시간 11분
- 63분
- 1시간 14분

체크! 체크!
수직선을 사용하여 답을 확인해도 좋아요. ☐

2 알맞은 것끼리 선으로 이어 보세요.

기억하자!
곱셈을 사용해 보세요.

45분짜리 영어 수업 3회	두 시간 이상
50분짜리 수학 수업 2회	한 시간 미만
40분짜리 수영 수업 5회	한 시간에서 두 시간 사이
25분짜리 체육 수업 2회	

3 다음 물음에 답하세요.

친구는 학교에 얼마나 있나요? ______________

친구는 하루에 얼마나 자나요? ______________

친구는 학교에 가는 데 얼마나 걸리나요?

____

문제를 다 푼 다음, 32쪽으로!

로마 숫자

1 아라비아 숫자와 로마 숫자를 바르게 이어 보세요.

로마 숫자는 서기 900년까지 고대 로마와 유럽에서 사용된 유일한 번호 체계야.

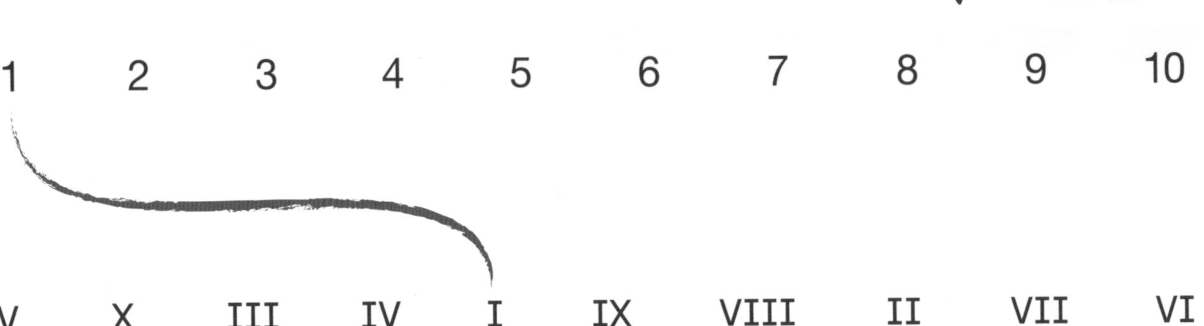

2 시계에 알맞은 로마 숫자 스티커를 붙이세요.

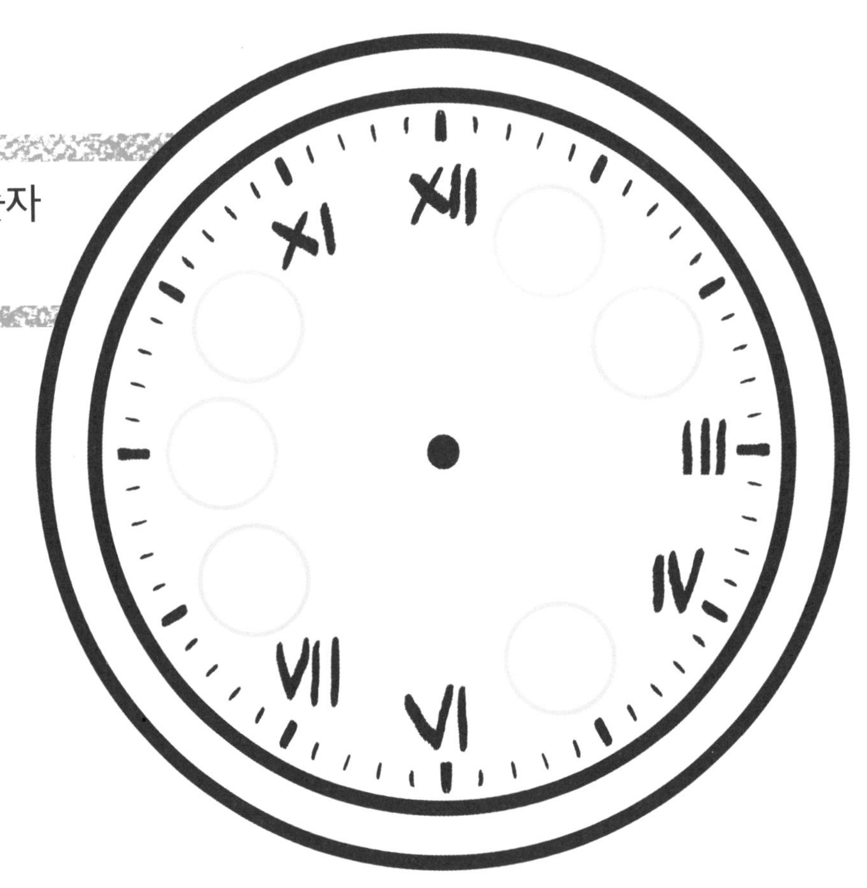

기억하자!
아라비아 숫자가 있는 시계와 비교해 보며 아라비아 숫자와 로마 숫자를 짝 지어 보세요.

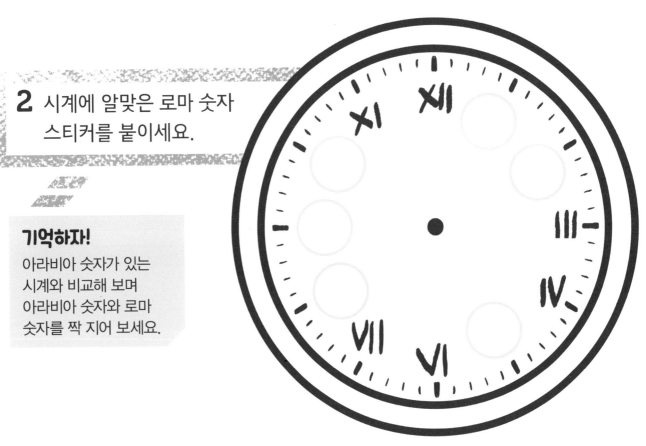

체크! 체크!
시계의 로마 숫자를 읽어 보며 스티커를 올바른 위치에 붙였는지 확인하세요. ☐

3 시계와 시각을 바르게 선으로 이어 보세요.

기억하자!
긴바늘과 짧은바늘을 주의 깊게 살펴보세요.

8시 24분

5시 8분

9시 6분 전

6시 17분

11시 12분 전

12시 4분 전

1시 26분

1시 26분 전

문제를 다 푼 다음, 32쪽으로!

오전, 오후

1 알맞은 답에 색칠하세요.

오전은 밤 12시부터
낮 12시까지,
오후는 낮 12시부터
밤 12시까지를 말해.

1 아침 대신 사용할 수 있는 말

정오

자정

오전

2 정오 대신 사용할 수 있는 말

낮 12시

자정

오전

3 저녁 대신 사용할 수 있는 말

정오

오후

오전

4 오전 대신 사용할 수 있는 말

오후

아침

저녁

5 밤 12시 대신 사용할 수 있는 말

자정

정오

아침

6 낮 12시 대신 사용할 수 있는 말

아침

오전

정오

2 디지털시계에 시각을 쓰세요.

디지털시계는 시각을 24시 단위로 나타낼 수 있어. 바늘 시계는 12시 단위로 시각을 나타낼 수 있는데 하루에 두 바퀴 돌아 24시간을 나타내지.

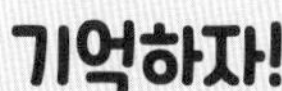

기억하자!

디지털시계의 13:00는 바늘 시계의 오후 1시와 같아요.

1 지금은 아침이에요.

2 지금은 저녁이에요.

3 지금은 오후예요.

11 : 0 0   : 1 5   : 2 5

4 지금은 오후예요.

5 지금은 오후예요.

6 지금은 오후예요.

: 4 5   : 2 5   : 4 5

체크! 체크!

오후 시각을 디지털시계로 잘 나타냈나요? ☐

문제를 다 푼 다음, 32쪽으로!

24시 시계

1 지금은 오후예요. 다음 시각을 디지털시계에 나타내세요.

기억하자!
오전 6시 20분 전은 05:40,
오후 6시 20분 전은 17:40이에요.

1

2

3

4

디지털시계의 분은 00~59까지의 수로 표시돼.

체크! 체크!
오후 시각으로 잘 표시했나요? 오전 시각에 얼마를 더해야 오후 시각이 되는지 확인했나요? □

2 같은 시각을 나타내는 것끼리 같은 색깔로 칠하세요.

4가지 색깔이 필요할 거야.

12:15 | 19:30 | 13:20

03:45 | 01:20 | 15:45

칭찬 스티커를
붙이세요.

체크! 체크!

26쪽과 27쪽을 다시 보고 로마 숫자를 올바르게 읽었는지 확인하세요. ☐

문제를 다 푼 다음, 32쪽으로!

나의 실력 점검표

얼굴에 색칠하세요.

- 잘할 수 있어요.
- 할 수 있지만 연습이 더 필요해요.
- 아직은 어려워요.

쪽	나의 실력은?	스스로 점검해요!
2~3	여러 가지 화폐와 화폐가 나타내는 금액을 알 수 있어요.	
4~5	모두 얼마인지 알 수 있어요.	
6~7	가격에서 얼마를 뺄 수 있어요.	
8~11	가격의 차이와 거스름돈을 구할 수 있어요.	
12~13	가격의 합계를 구하고 거스름돈을 구할 수 있어요.	
14~15	분까지 시각을 말할 수 있어요.	
16~17	바늘 시계를 볼 수 있어요.	
18~19	초, 분, 시간을 비교할 수 있어요.	
20~21	매달 며칠이 있는지 말할 수 있어요.	
22~23	일, 주, 월, 연을 알 수 있어요.	
24~25	시, 분을 이용해 시간 계산 문제를 풀 수 있어요.	
26~27	로마 숫자를 읽을 수 있어요.	
28~29	오전과 오후를 사용할 수 있어요.	
30~31	12시 단위, 24시 단위 시각을 읽을 수 있어요 .	

어땠어?
실력이 많이 늘었지?

정답

2~3쪽

1.

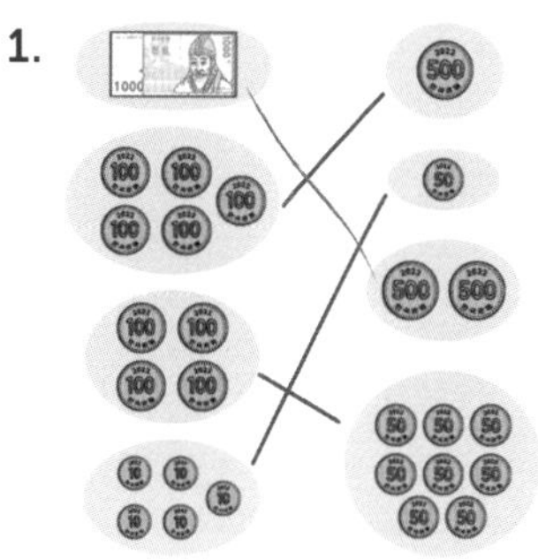

2-2. 5　　2-3. 2　　2-4. 10

4~5쪽

1-2. 3800원　　1-3. 1300원　　1-4. 430원

2-1. 예) 500원 2개

2-2. 예) 500원 2개, 100원 10개

2-3. 예) 10원 5개, 500원 2개

2-4. 예) 10원 3개, 100원 5개

6~7쪽

1-2. 5000원 1장, 1000원 1장, 500원 2개, 100원 1개, 50원 2개

1-3. 예) 5000원 1장, 500원 3개, 100원 3개, 50원 2개

1-4. 예) 1000원 4장, 500원 1개, 100원 5개, 50원 1개, 10원 5개

2-1. 4300원　　2-2. 2200원

2-3. 4900원　　2-4. 3200원

8~9쪽

1-2. 예) 100원 4개, 10원 1개 / 410원

1-3. 예) 500원 1개, 100원 1개 / 600원

2-1. 4000원　　2-2. 6500원

2-3. 6500원　　2-4. 7000원

10~11쪽

1-2. 5500원　　1-3. 3800원　　1-4. 2200원

2.

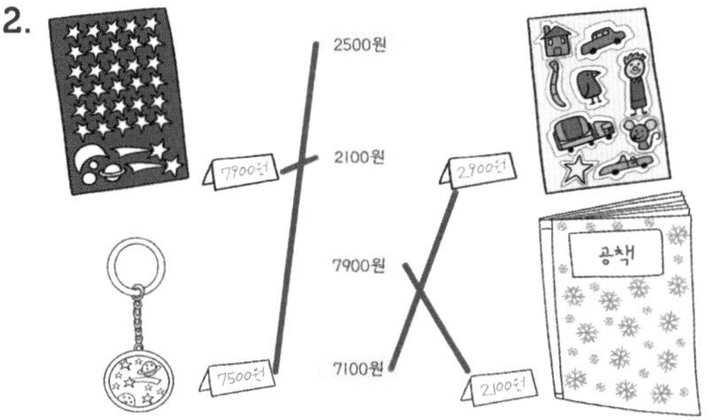

3-2. 예) 10000원 1장, 5000원 1장, 1000원 4장

3-3. 예) 10000원 3장, 1000원 1장

3-4. 예) 10000원 6장, 5000원 1장, 1000원 1장

12~13쪽

1-1. 5600원　　1-2. 4500원

1-3. 4000원　　1-4. 3400원

2-1. 41100원　　2-2. 45500원

2-3. 43800원　　2-4. 42200원

3-1. 예) 1000원 2장　　3-2. 예) 1000원 3장

3-3. 예) 5000원 1장, 500원 4개

14~15쪽

1.

초	분
60초	1분
120초	2분
30초	$\frac{1}{2}$분
15초	$\frac{1}{4}$분

2-1. 90초　　2-2. 135초

2-3. 210초

3-2. 7시 12분　　3-3. 11시 21분

3-4. 5시 8분　　3-5. 9시 16분

3-6. 6시 28분

16~17쪽

1.

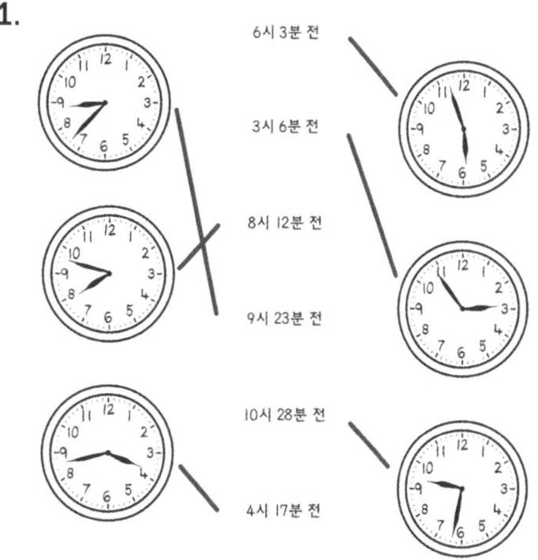

2. 아이가 시계에 바늘을 잘 그렸는지 확인해 주세요.

2-1. 8시 53분 또는 9시 7분 전

2-2. 5시 37분 또는 6시 23분 전

2-3. 11시 43분 또는 12시 17분 전

2-4. 4시 39분 또는 5시 21분 전

18~19쪽

1.

2-1. 110분 **2-2.** 3시간
2-3. 480초 **2-4.** 4분
3. 아이의 답을 확인해 주세요.

20~21쪽

1-1. 7개 **1-2.** 62일
1-3. 91일
1-4. 아이의 답을 확인해 주세요.
2-1. 예) 3월, 4월 **2-2.** 예) 5월, 6월
2-3. 예) 1월, 8월, 11월

22~23쪽

1-1. 365일 **1-2.** 52주
1-3. 12개월 **1-4.** 100년
2-1. 2024년 **2-2.** 2020년
2-3. 윤년이에요. 윤년은 4년에 한 번 있기 때문이에요.

24~25쪽

1-1. 44분
1-2. 27분
1-3. 1시간 14분
2.

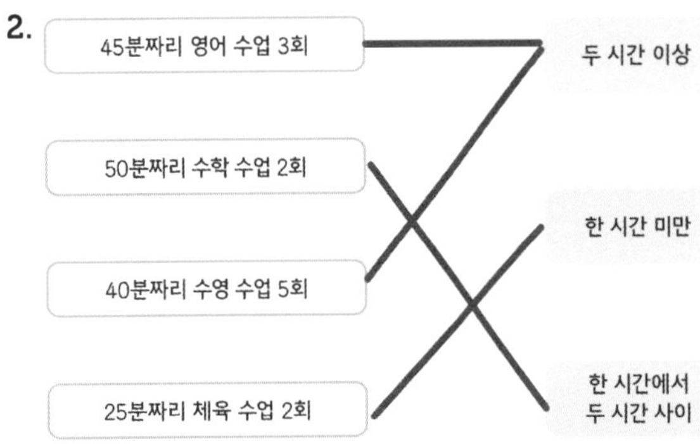

3. 아이가 적당한 답을 썼나요?

26~27쪽

1.

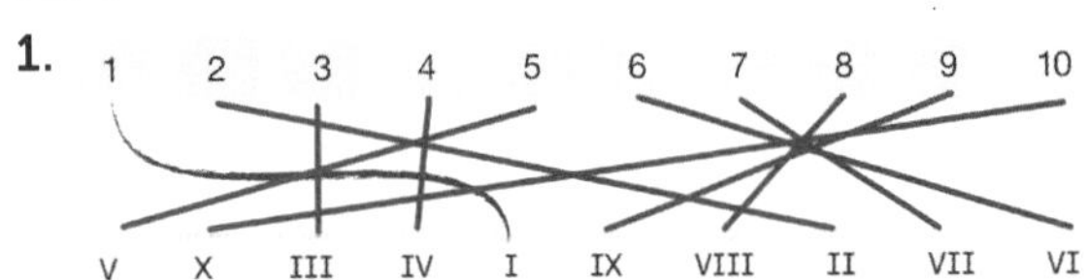

2.

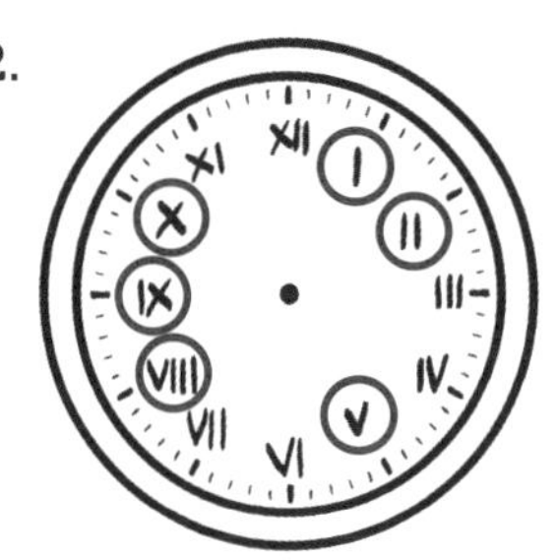

3.

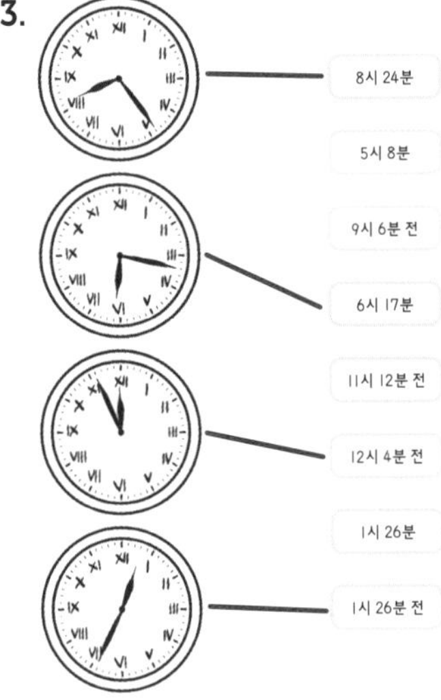

28~29쪽

1-1. 오전 **1-2.** 낮 12시
1-3. 오후 **1-4.** 아침
1-5. 자정 **1-6.** 정오
2-2. 21 **2-3.** 15
2-4. 17 **2-5.** 19
2-6. 21

30~31쪽

1-1. 20:33 **1-2.** 22:42
1-3. 18:55 **1-4.** 12:48
2.

정리 노트

런런 옥스퍼드 수학

4-3 시간과 화폐

초판 1쇄 발행 2022년 12월 6일
글·그림 옥스퍼드 대학교 출판부 **옮김** 상상오름
발행인 이재진 **편집장** 안경숙 **편집 관리** 윤정원 **편집 및 디자인** 상상오름
마케팅 정지운, 김미정, 신희용, 박현아, 박소현 **국제업무** 장민경, 오지나 **제작** 신홍섭
펴낸곳 (주)웅진씽크빅
주소 경기도 파주시 회동길 20 (우)10881
문의 031)956-7403(편집), 02)3670-1191, 031)956-7065, 7069(마케팅)
홈페이지 www.wjjunior.co.kr **블로그** wj_junior.blog.me **페이스북** facebook.com/wjbook
트위터 @wjbooks **인스타그램** @woongjin_junior
출판신고 1980년 3월 29일 제406-2007-00046호
원제 PROGRESS WITH OXFORD: MATH

ISBN 978-89-01-26532-2
ISBN 978-89-01-26510-0 (세트)